蔬菜和食

（日）村田吉弘——著

纪鑫——译

青岛出版社
QINGDAO PUBLISHING HOUSE

目录

第三章 | 浸物 · 和物的比例

第四章 | 米饭 · 汤菜的比例

第五章 | 火锅的比例

村田吉弘

多食蔬菜，首选和食！

2001 年，美食书《用比例学会和食基础》出版。发售至今已过去十几个年头，此书能实实在在地再版发行并对大家有所帮助，让我倍感欣喜。

此间，收到这样的读者之声：
“没想到和食这么简单！”
“正对味！料理越来越轻松了！”

我觉得大家发出这样的感慨是有原因的，对日本人来说，没有比和食更简单的料理了，因为和食是日本人习以为常的味道。而所谓“比例”则是一个调味法则，就是只要记住了它，即便不看菜谱也能烹制出妈妈或奶奶做的饭菜的味道。它提供了一种通俗易懂的方法，但并非偷工减料，只是做法上更便捷。掌握了这种“料理力”（烹饪能力与技巧），说不定真的能够受益一生。

2013 年，和食入选联合国教科文组织非物质文化遗产。和食备受海外关注有诸多理由，归根到底是因为日本的传统饮食更注重健康。而掌握“健康”关键的正是“蔬菜”。

和食最适合大量食用蔬菜的饮食需求。因用油不多，热量也低，而且生鲜蔬菜见火体量惊人缩减，所以更可大量食用。本来日本人的饮食习惯就是少食蛋白质而多吃蔬菜，可以说和食里就凝聚了这样的智慧。另外，干菜、豆腐、魔芋等也都是营养丰富的传统食材，对健康的饮食生活绝对不可或缺。

本书以“蔬菜和食”为主题。为编排出可吃到足量蔬菜的食谱，就不能不增加副菜的种类。因此本书不仅提供份大量足的餐桌主食菜品，还要更多介绍能够轻松烹制的使用大量蔬菜的副菜品类。希望大家也配合使用《用比例学会和食基础》一书，让不管什么样的和食都能端上餐桌。一丝不苟地做饭，郑重其事地吃饭，最终与大家一起守护住日本的和食文化，没有比这更令人开心的了。

调 料

“用比例轻松确定口味”，说起来简单，至于如何能做到这一点，则完全归功于在漫长岁月中经过千锤百炼、口味稳定性已达极致的日本调料。在不受气候及环境左右，使用一直保持稳定口味的酱油、味淋的基础上，加之以“比例”这一规则，料理口味的再现性之高则不言自明了吧！

所以用“比例”烹制的料理，正因为简单才更希望大家讲究调料。请牢记，食材的挑选固然重要，选用美味的调料才是成为料理高手的捷径。

虽说如此，调料因地域不同而多少会有所差异。本书所示“比例”，皆以对和食调味最通俗易懂的形式示例。请将其视为发现您家特有口味的入口。首先掌握基本原则，其后再确定自己的口味。牢记各种调料的不同作用，确立属于自己的调味法则也完全可能！

酱油

酱油是和食中不可缺少的调料。酱油有几种不同的酿造方法，请选用通过麹菌等微生物之力使大豆等发酵的传统做法酿造的“本酿造”酱油。要使料理色泽美观悦目，可选用颜色浅淡的“薄口酱油”，两种酱油都要常备。

味淋

味淋是将糯米与米麹、酒精等慢慢发酵而得，能够起到为料理增加醇和的甜味、防止菜品煮烂的作用。因加入甜味调味品制成的“味淋口味调料”中不怎么含酒精，故其烹饪效果不太理想。请使用酿造而成的“本味淋”。

酒

酒有去除食材异味、改善入味、延长保存时间等作用。因所谓的“料理酒”中添加了盐等配料，比较昂贵，建议使用“饮用酒”，不是很贵同样管用。发酵过的米的风味更能增加料理的可口度。

醋

以米、麦、玉米等谷物为原料酿造的“谷物醋”经常用于饭菜烹制，其中，特别推荐以米为主要原料的“米醋”。因其口味醇厚浓郁，相信不喜欢醋拌菜的人也会百食不厌。也可使用当季的柑橘类榨汁作为醋的替代品。

味噌

因地域不同，味噌的口味与香味都有很大差异。一般的味噌汤里，选用居住地常见的少量食材作为添加物就最好。主要产自关西的白味噌也能广泛用于和食中，希望读者也尝试一下。只是相比普通味噌，它的保存期较短，使用时请注意。

盐

盐不光用于调味，还有引发食材原有美味、杀出多余水分、延长保存时间等效果。由海水中提炼、富含矿物质的日本盐最适合和食烹制。

味之基本

1:1

酱油　　味淋

做煮炖菜品时，
感觉口味太清淡，就加点酱油，添些砂糖，再捏上一撮盐……
这样一来二去，味道更是定不下了。由此，说和食不好做的人不在少数。

首先，教给大家一个简单的法则，
即确保口味适中的“比例”的基本原则。
这就是，“酱油 : 味淋 =1:1”。

这是将盐类的“咸味”集于酱油中，砂糖、酒的“甜味”汇于味淋里的基本原则。
只要遵守此原则，不用一点点地调配盐或糖的用量也能确定口味。
这一原则在使用薄口酱油时也不变。

“1:1”，虽说简单，但有一点要注意，
即味淋要使用“本味淋”。
前面简单说过，“本味淋”与“味淋口味调料”大不相同。
味淋口味调料中所含酒精度数低，为补足鲜味与甜味而添加了甜味调味品。
为调配出汇集糖与酒中深层次的甜味与鲜味的“基本口味”，最好选用“本味淋”。

仅按“1:1”使用酱油与味淋，口味就能调得不咸不甜恰到好处，可谓神奇。
后面会给出多种比例，几乎都从基本的“1:1”演变而来。
只要掌握住基本，“比例”意识就会不断增强。

第一章 煮物的比例

说起和食，脑海中浮现的首先是煮物吧。可当作主菜的大分量菜品与多用蔬菜、口味清淡的煮物，只要两个比例，就能轻松开始烹制。

口味浓郁的基本煮汁

1:1:8

酱油 : 味淋 : 汤汁

成为和食高手，先从煮物做起。

●

首先牢记基本煮汁比例“1:1:8”。

“1:1”乃味之基本，主角是酱油与味淋。

那“8”是什么呢？是烹煮食材的汤汁（清水）。

按这一比例就能调配出味道浓郁的煮物的煮汁，与米饭尤为般配，让人饭量大增。

知道土豆炖牛肉、干煮芋头这些在日本代代相传的菜品吗？

能烹出这般经典口味，用的就是这个比例。

●

肉也好菜也罢，能做成与米饭相配的菜品，便是这个比例的优势所在。

反过来说，大多食材放在一起炖都没问题。

光是蔬菜同样好吃，如果肉做主菜，那就满满地加进差不多等量的蔬菜一起炖！

这么一来，每天都有蔬菜吃了。

●

这样的煮汁用途广着呢！

后文还要介绍，既方便烹煮常备菜，也能炖鱼。

加入淀粉调得黏黏稠稠，还能做成适合任何蔬菜的上等浇汁。

这个比例就是煮物之基本。请牢记在心。

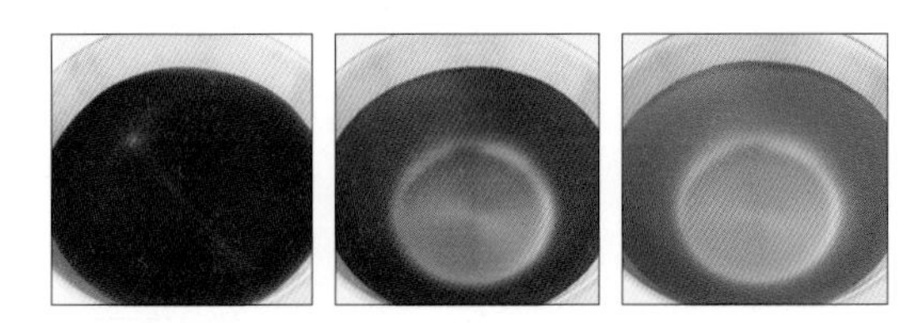

[应用例]

鱼肉松土豆 | 竹笋土佐煮 | 干煮芋头 | 芋头炖鱿鱼

筑前煮 | 肉豆腐 | 出汁炸豆腐 | 鳖甲馅粥

藕块翅根田舍煮

1:1:8

藕按鸡翅根的大小切块，
口感不输鸡肉。

材料（2 人份）

煮汁（1:1:8）
- 酱油…40ml（2⅔ 大匙）
- 味淋…40ml（2⅔ 大匙）
- 汤汁…320ml（1⅗ 杯）

藕…1 节（200g）
鸡翅根…6 个（300g）
花椒芽…适量
◎色拉油

热量：390 千卡
烹饪时间：20 分钟

1. 藕削皮，较大的话可纵向切为 4 等份，再切成一口大小的不规则块状。
2. 将 1½大匙色拉油入锅加热，翻炒藕块与鸡翅根。
3. 整体翻炒上色后，加入煮汁，盖上落锅盖①，用旺火烹煮至水分大致煮干。
4. 盛入餐器，点缀上花椒芽。

①落锅盖：比锅口小一圈的锅盖，有用较少煮汁就能使食材均匀入味的作用。

红烧竹笋胡萝卜

预先准备好各种食材，可用同一煮汁烹煮。
用“基本煮汁”炖煮，哪种食材都走不了味。

材料（2人份）

煮汁（1:1:8）

- 酱油・薄口酱油…各12.5ml（各2½小匙）
- 味淋…25ml（1⅔大匙）
- 汤汁…200ml（1杯）

煮竹笋…半根（200g）
胡萝卜…3cm
干香菇…2个
魔芋…⅕块
油菜花…4朵
花椒芽…适量

热量：80千卡
烹饪时间：20分钟（不含干香菇泡发时间）

1. 干香菇浸水泡发约半天，切去茎。切掉竹笋的笋尖与根部。接近根部的部分切成1cm厚的圆片，较大的对半切开。接近笋尖部分纵向切成6等份。
2. 胡萝卜切成5mm厚的圆片。放入耐热容器，加少量水，覆上保鲜膜置于微波炉（600W）内加热约2分钟。
3. 从魔芋边切起，切成5mm厚。在魔芋片中央割入切口，将魔芋片的边穿进切口，做成魔芋编花。
4. 油菜花置于沥水盆内，浇上热水。
5. 将竹笋、香菇、胡萝卜、魔芋入锅，加入煮汁，盖上落锅盖坐旺火。煮汁大致煮干后（参考图片）加入油菜花红烧，盛入餐器，点缀上花椒芽。

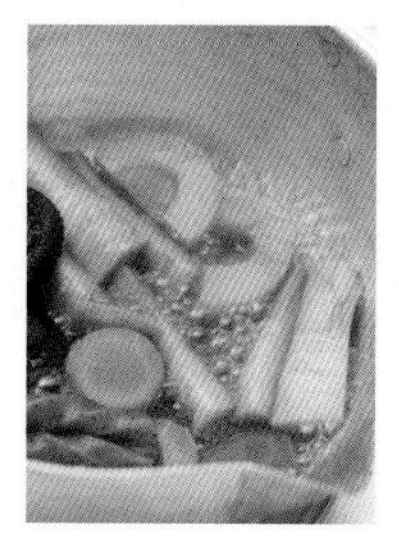

加入油菜花的最佳时机，
是煮汁快熬干时。

1:1:8

炖茄子

将味道浓郁的汤汁满满地炖进茄子里。
用饱满紧致的秋茄子烹制，更是别有一番风味。

材料（适量）

煮汁（1:1:8）
- 酱油…60ml（4 大匙）
- 味淋…60ml（4 大匙）
- 汤汁…480ml（2⅔杯）

茄子…4 个
茗荷（切小片）…1 个量

热量：190 千卡
烹饪时间：10 分钟（不含冷却时间）

1. 在茄萼上割入一周切口去除外萼。纵向对半切开，带皮侧割入 1~2mm 宽的切口（参考图片）。
2. 煮汁混合入锅坐旺火，沸腾后茄皮向下放入茄子。盖上落锅盖，用旺火烹煮约 5 分钟。
3. 冷却后将茄子与适量煮汁一起盛入餐器，点缀上茗荷。

在茄身上割入细密切口，有助于入味。

萝卜炖猪肉

主角是被肉香浸得通透的萝卜。
萝卜切薄片，转眼间份大量足的美味菜肴就可出锅上桌。

材料（3~4 人份）

煮汁（1:1:8）
- 酱油…40ml（2⅔大匙）
- 味淋…40ml（2⅔大匙）
- 汤汁…320ml（1⅗杯）

萝卜…250g
猪腹肉（五花肉块）…250g
香橙皮（切丝）…⅕个
热量：260 千卡
烹饪时间：20 分钟

1. 萝卜削皮切成 7mm 厚的半月形。放入耐热容器轻轻覆上保鲜膜，置于微波炉（600W）内加热 4~5 分钟。
2. 猪肉切成 7mm 厚。将猪肉与差不多刚漫过猪肉的水入锅坐旺火，煮沸后马上熄火取出猪肉。
3. 将萝卜与猪肉放入另一个锅内，倒入煮汁。盖上落锅盖，用旺火烹煮至水分大致煮干。
4. 盛入餐器，点缀上香橙皮。

牛蒡牛肉花椒煮

特色鲜明突出花椒之香。
仅有牛蒡也同样好吃，加进牛肉便成大餐！

材料（3~4 人份）

煮汁（1:1:8）
- 酱油…50ml（¼杯）
- 味淋…50ml（¼杯）
- 汤汁…400ml（2 杯）

牛蒡…6 根（300g）
牛腿肉（薄切片）…300g
花椒佃煮[①]（市面售品）…15g
花椒粉…适量
花椒芽…适量
◎色拉油

热量：290 千卡
烹饪时间：20 分钟

1. 将牛蒡洗净乱切成 4~5cm 长的不规则块状，牛肉切成 4~5cm 宽。
2. 将 1 ½大匙色拉油倒入经过表面加工[②]的平底炒锅加热，快速翻炒步骤 1 中的牛蒡。
3. 加入煮汁与花椒佃煮，盖上落锅盖，用旺火烹煮至水分大致煮干。
4. 盛入餐器，撒上花椒粉，点缀上花椒芽。

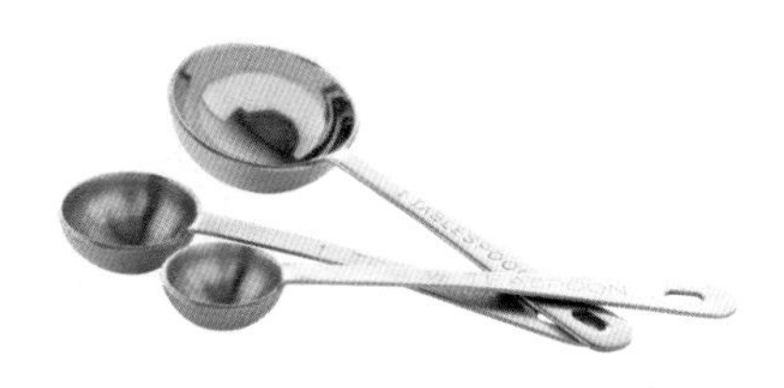

---

①佃煮：咸烹海味。

②表面加工：统称作“不粘加工”的特氟龙涂层加工，经过这种表面加工的锅即为“不粘锅”。另外还有大理石涂层、瓷涂层等不粘加工方式。

1:1:8

油炸豆腐块鳖甲馅浇汁

豆腐块煎得焦黄，只需再浇上“基本煮汁”。
原则是配上姜泥，多多益善。

材料（2人份）

煮汁（1:1:8）
- 酱油…20ml（1⅓大匙）
- 味淋…20ml（1⅓大匙）
- 汤汁…160ml（⅘杯）

油炸豆腐块…1块（200g）
水溶淀粉…1⅓大匙
姜（擦泥）…1大匙
◎色拉油

热量：280千卡
烹饪时间：10分钟

1. 将油炸豆腐块斜着对半切开，再分别切成一半厚。将1½大匙色拉油倒入经过表面加工的平底炒锅中，用中火加热，将油炸豆腐块两面煎得焦黄。
2. 煮汁入锅坐火。沸腾后加入水溶淀粉调黏稠，做成浇汁。
3. 将豆腐块盛入餐器，淋上浇汁，点缀上姜泥。

香橙锅蒸牡蛎豆腐

散发着幽幽橙香的小菜，堪称别具一格。
挖出的香橙果肉汁可用于橙汁酱油（p.36）。

材料（2人份）

煮汁（1:1:8）
- 酱油…10ml（2小匙）
- 味淋…10ml（2小匙）
- 汤汁…80ml（⅖杯）

香橙…2个
绢豆腐…60g
牡蛎（加热用/蛎肉）…6~8个
鸭儿芹…⅕把
水溶淀粉…1大匙
◎色拉油

热量：80千卡
烹饪时间：25分钟

1. 将适量色拉油倒入经过表面加工的平底炒锅加热，煎烤蛎肉两面。豆腐切成1.5cm³的方块。快焯鸭儿芹，切成1.5cm长。
2. 将香橙从距顶部¼处切开，用勺子挖出果肉（参考图片）。将蛎肉与豆腐等分，交替塞入。
3. 将香橙放入耐热容器，覆上保鲜膜置于微波炉（600W）内加热2~3分钟。
4. 将煮汁倒入稍小的锅内坐火。沸腾后加入水溶淀粉调黏稠，做成浇汁。
5. 将步骤3的香橙与切掉的香橙上部一起盛入餐器。浇淋上步骤4的浇汁，点缀上鸭儿芹。

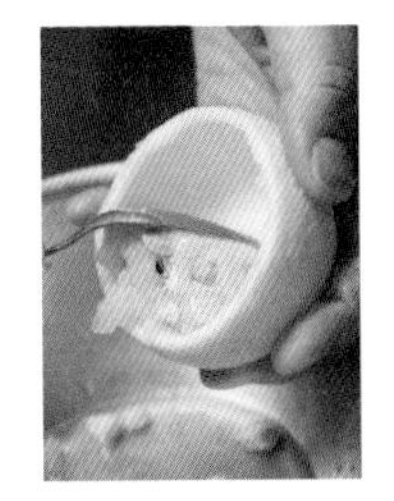

因底部易洞穿，
掏空果肉时注意不要挖破底部。

绿辣椒炖小干白鱼

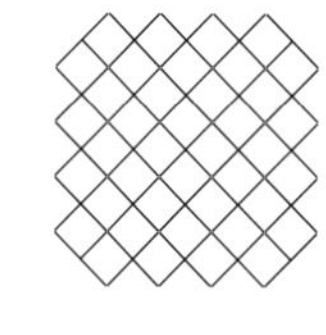

1:1:8 比例常备菜
酱油 : 味淋 : 酒

冰箱里如有常备菜，饭菜安排起来就轻松了，
常备菜的比例在此也作个介绍。
只需将“1:1:8”中的“汤汁”换成“酒”。
因为不是动物性蛋白质汤汁，用酒煮更易保存。
芹菜叶、萝卜缨等剩在冰箱里的任何食材，都可这样煮着吃，
也适合用来做便当。

京都番菜的定例搭配。

材料（适量）

煮汁（1:1:8）
- 酱油…25ml（1⅔大匙）
- 味淋…25ml（1⅔大匙）
- 酒…200ml（1 杯）

绿辣椒…2 袋（240g）
小干白鱼…40g
◎色拉油

热量：370 千卡
烹饪时间：10 分钟

1. 绿辣椒去茎，用竹签等扎孔。
2. 将 1 大匙色拉油入锅加热，翻炒绿辣椒，均匀过油后加入小干白鱼。
3. 倒入煮汁，不时搅拌，用旺火翻炒至煮汁炒干。

放进保存容器，置于冰箱内可保存大约 5 天。

[应用例]
金针菇杂鱼 | 干羊栖菜末 | 麻辣魔芋 | 炒蜂斗叶

1:1:8

蘑菇时雨煮

可选用个人喜爱的蘑菇种类，自由搭配烹制。

材料（适量）

煮汁（1:1:8）
- 酱油…20ml（1⅓大匙）
- 味淋…20ml（1⅓大匙）
- 酒…160ml（⅘杯）

杏鲍菇…半袋（60g）
生香菇…半袋（60g）
丛生口蘑…半袋（60g）
灰树菇…半袋（60g）
香橙皮（切丝）…适量

热量：140千卡
烹饪时间：10分钟

1. 杏鲍菇切成3cm长的梆子形。香菇去茎切薄片。丛生口蘑、灰树菇去根，分小块切成3cm长。
2. 将步骤1中的食材与煮汁一同入锅坐旺火，盖上落锅盖，不时搅拌，烹煮至水分煮干。
3. 盛入餐器，点缀上香橙皮。

放进保存容器，置于冰箱内可保存大约5天。

1:1:8

炒芜菁叶

削下的芜菁皮、芜菁叶，
这些通常会被扔掉的部分也能做成一道美食！

材料（适量）

煮汁（1:1:8）
- 酱油…25ml（1⅔大匙）
- 味淋…25ml（1⅔大匙）
- 酒…200ml（1杯）

芜菁皮…2个量（40g）
芜菁叶…360g
白芝麻…1大匙
一味辣椒粉…适量
◎色拉油

热量：360千卡　烹饪时间：10分钟

1. 芜菁皮细切，芜菁叶切成1cm长。将1大匙色拉油倒入经过表面加工的平底炒锅加热，翻炒芜菁皮和叶。
2. 均匀过油后倒入煮汁，不时搅拌，用旺火炒到煮汁炒干。
3. 加入白芝麻快速混拌，盛入餐器，撒上一味辣椒粉。

放进保存容器，置于冰箱内可保存大约5天。

1:1:8

魔芋土佐煮

撒上七味辣椒粉代替鲣节，
变身成为“麻辣魔芋”。

材料（适量）

煮汁（1:1:8）
- 酱油…15ml（1大匙）
- 味淋…15ml（1大匙）
- 酒…120ml（⅗杯）

魔芋…1块（200g）
鲣节…10g

热量：120千卡　烹饪时间：10分钟

1. 在魔芋两面分别割入细密的刀痕（不割透），用勺子剜成一口大小，再用热水快速预煮。
2. 将鲣节放入耐热容器，置于微波炉（600W）内加热30秒至1分钟，处理成散碎状态。
3. 将魔芋与煮汁入锅坐旺火，盖上落锅盖，不时搅拌，烹煮至水分煮干。用手将鲣节搓碎，均匀撒上。

放进保存容器，置于冰箱内可保存大约5天。

能品味汤汁的清淡煮汁

1:1:15

酱油 : 味淋 : 汤汁

"基本煮汁"接下来还有一例。

在此介绍一种能给蔬菜添加柔和口味的煮汁。

●

"能品味汤汁的清淡煮汁"的比例为"1:1:15"。

相比"基本煮汁"，汤汁加入量接近翻倍就成了这个比例。

口味柔柔的，享用食材原味的同时，连汤都想一起喝光。

在京都很常见、使食材吸足汤汁一起食用的所谓"炊物[①]"，

人人都能用这煮汁做出来，这种煮汁也尽可用于杂烩或乌冬面的汤里。

●

这个比例最能提升的还是各个季节蔬菜自身的细腻口感。

用这种做法烹制煮物，比起沙拉能让人吃下更多蔬菜。

●

如此这般地强调"汤汁、汤汁"，想必您会认为汤汁最为重要吧，

其实汤汁选用市面上销售的袋装品即可。

采用简单易行的方式每天坚持才最重要。

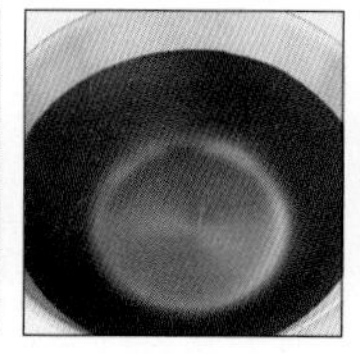
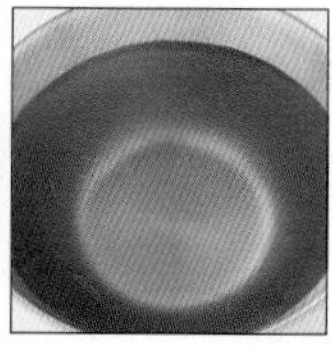

[应用例]

竹笋炖裙带菜 | 炖南瓜 | 豌豆鸡蛋汤 | 萝卜炖油炸豆腐

炖小油菜 | 油炸豆腐包肉煮 | 酒蒸蛤蜊 | 杂烩 | 乌冬面

---

①炊物：京都特色煮物。

蔬菜乱炖

1:1:15

色彩纷呈的各种蔬菜乱切成不规则块状，炖熟开锅依然多姿多彩。
清淡健康，可谓日式加热版蔬菜沙拉。

材料（2~3 人份）

煮汁（1:1:15）
- 薄口酱油…50ml（¼杯）
- 味淋…50ml（¼杯）
- 汤汁…750ml（3 ¾杯）

芜菁…2 个
胡萝卜…半根
芋头…2 个（大）
南瓜… ⅛个
香橙皮（切丝）…适量

热量：130 千卡
烹饪时间：30 分钟

1. 芜菁与胡萝卜乱切成不规则块状。芋头削皮乱切成不规则块状。南瓜去除种、瓤，用削皮器削掉瓜皮，切成与芜菁、胡萝卜等同样大小。
2. 将芜菁、胡萝卜和南瓜放入耐热容器，覆上保鲜膜，置于微波炉（600W）内加热 4~5 分钟。将芋头用同样方式置于微波炉内加热 5~6 分钟。各食材都达到用竹签能轻松扎透的柔软度即可。
3. 煮汁入锅加热，放入步骤 2 的蔬菜后盖上落锅盖。用中火烹煮 7~8 分钟。
4. 连同煮汁一起盛入餐器，点缀上香橙皮。

芜菁虾仁拼盘

使用两种煮汁烹制成的高档拼盘菜品。
按比例烹制，品质高档做法简单，也可用作宴客菜品。

材料（2 人份）

煮汁 A（1:1:15）
- 薄口酱油…20ml（1 ⅓大匙）
- 味淋…20ml（1 ⅓大匙）
- 汤汁…300ml（1 ½杯）

煮汁 B（1:1:8）
- 薄口酱油…20ml（1 ⅓大匙）
- 味淋…20ml（1 ⅓大匙）
- 汤汁…160ml（⅘杯）

芜菁…1 个
芜菁叶…1 个量
对虾（有头 / 带皮）…6 只（180g）
花椒芽…适量
◎淀粉

热量：120 千卡
烹饪时间：25 分钟

1. 芜菁切成 6 等份的串形，削皮刮圆。将芜菁与煮汁 A 放入耐热容器，覆上保鲜膜，置于微波炉（600W）内加热 5~6 分钟后静置降温。
2. 芜菁叶白焯后浸水，挤净水分切成 5cm 长，加入步骤 1 的耐热容器中。
3. 对虾去头、留尾、剥皮。在背上开切口取出虾背肠，撒上少量淀粉。
4. 将煮汁 B 入锅煮沸，加进虾仁均匀加热（参考图片）。
5. 将步骤 2 中加入了芜菁叶的耐热容器覆上保鲜膜，置于微波炉内加热 3~4 分钟，将煮汁一起盛入餐器，点缀上花椒芽。

虾仁加热过头会变硬。
完全变红后即可熄火。

1:1:15

冬瓜小芋拼盘

本菜品虽用同一煮汁，食材却分别烹制，可尽享不同风味。
夏天凉吃亦味美。

材料（2人份）

煮汁（1:1:15）
- 薄口酱油…30ml（2大匙）
- 味淋…30ml（2大匙）
- 汤汁…450ml（2¼杯）

冬瓜…（4cm×5cm）2块（净重80g）
芋头…6个（小）
菜豆…6根
绿橙子皮（切丝）…适量
◎粗盐

热量：110千卡
烹饪时间：45分钟（不含冷却时间）

1. 冬瓜去种去瓤，削去外侧硬皮。在带皮侧割入格子状切口，揉搓进适量粗盐并放置约10分钟（参考图片）。
2. 用沸水白焯冬瓜，焯到能用竹签轻松扎透，浸冷水后控净水分。将半量煮汁混合入锅，加入冬瓜用微火烹煮约10分钟。
3. 用沸水白焯芋头5分钟，浸冷水后剥皮。放入耐热容器，加少量水覆上保鲜膜，置于微波炉（600W）内加热5分钟。剩余煮汁混合倒入另一锅内，加进芋头用微火烹煮约15分钟。
4. 步骤2、3的食材降温后，连同煮汁一起置于冰箱内至完全冷却。菜豆切去两端白焯，浸入步骤2的煮汁内一同冷却。
5. 将食材与煮汁一同盛入餐器，点缀上绿橙子皮。

为避免冬瓜带皮侧发硬，
揉搓进粗盐使其脱水变软。

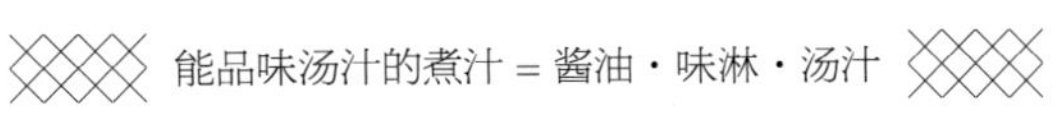

1:1:15

炖油炸豆腐丸

这种煮汁跟豆腐制品也极为般配。
豆腐满满地吸足煮汁，柔嫩可口。

材料（适量）

煮汁（1:1:15）
- 薄口酱油…20ml（1⅓大匙）
- 味淋…20ml（1⅓大匙）
- 汤汁…300ml（1½杯）

油炸豆腐丸…4 个
菜豆…12 根
姜（擦泥）…1 块量
热量：810 千卡
烹饪时间：15 分钟

1. 将油炸豆腐丸与煮汁入锅。盖上落锅盖坐中火，沸腾后再炖煮约 5 分钟（参考图片）。
2. 菜豆切去两端，用热水白焯。加入步骤 1 的食材中，炖煮 2~3 分钟。
3. 将食材连同煮汁一起盛入餐器，点缀上姜泥。

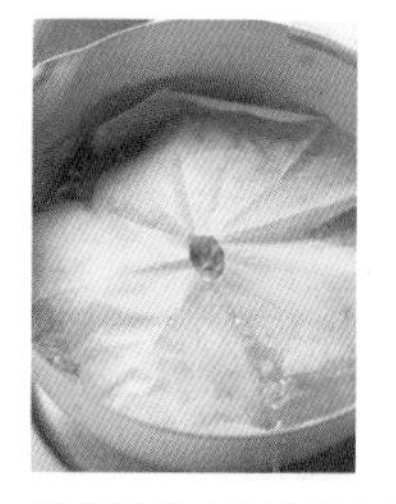

用落锅盖可使煮汁味道均匀地炖进豆腐。
将烤箱专用纸切成圆形使用亦可。

韭菜鸡蛋羹

汤液满满的京都风味韭菜鸡蛋羹，
连汤带菜口味柔和，全靠本煮汁。

材料（4人份）

煮汁（1:1:15）
- 薄口酱油…15ml（1大匙）
- 味淋…15ml（1大匙）
- 汤汁…225ml（1⅛杯）

韭菜…半把
鸡蛋…4个
姜汁…1小匙
花椒粉…少量

热量：90千卡
烹饪时间：10分钟

1. 韭菜切成4cm长，鸡蛋打散搅开。
2. 煮汁入锅坐旺火，沸腾后加入韭菜、鸡蛋。用木铲等轻轻混拌，呈半熟状时熄火，加入姜汁。
3. 盛入餐器，撒上花椒粉。

白菜炖鸡肉丸

加进剩米饭更有黏性的鸡肉丸，口感软糯。
白菜切大块满满盛盘，仅这两样便能成就一顿美餐。

材料（3~4 人份）

煮汁（1:1:15）
- 薄口酱油…50ml（¼ 杯）
- 味淋…50ml（¼ 杯）
- 汤汁…750ml（3¾ 杯）

白菜…¼ 棵（450g）

鸡肉丸
- 鸡肉馅…300g
- 米饭…100g
- 细葱（切碎末）…30g
- 蛋黄…2 个量
- 薄口酱油…1 小匙
- 淀粉…1 小匙

香橙皮（切丝）…适量

◎黑胡椒（粗磨）

热量：260 千卡
烹饪时间：20 分钟

1. 将做鸡肉丸的所有食材入碗，充分搅拌混合。
2. 白菜纵向对半切开，与煮汁一起入锅，坐旺火。
3. 沸腾后将步骤 1 的食材捏成丸入锅。盖上落锅盖烹煮 7~8 分钟。
4. 盛入餐器，撒上黑胡椒，点缀上香橙皮。

1:1:15

高野豆腐①宝贝筒

爽口爽心的蔬菜馅料满满地塞进豆腐中，出锅松松软软。
这样的美食，孩子们也会吃得欢天喜地。

材料（2人份）

煮汁（1:1:15）
- 薄口酱油…30ml（2大匙）
- 味淋…30ml（2大匙）
- 汤汁…450ml（2¼杯）

高野豆腐…2块
馅料
- 鸡肉馅…70g
- 藕・洋葱…各20g
- 胡萝卜・青豌豆…各15g
- 蛋黄…半个量
- 米饭…20g
- 酱油…半小匙

水溶淀粉…适量
姜（擦泥）…适量

热量：250千卡
烹饪时间：30分钟（不含高野豆腐泡发时间）

1. 按包装袋上的说明泡发高野豆腐，挤净水分。豆腐两端不豁开，用菜刀在豆腐上割入切口，做成筒状（参考左图）。
2. 将藕、洋葱、胡萝卜用搅拌器搅碎入碗。加入其余馅料，充分搅拌混合。
3. 将步骤2的食材等分，塞入高野豆腐切口内（参考右图），与煮汁一起入锅，盖上落锅盖，用中火烹煮10~15分钟。
4. 取出高野豆腐，对半切开，盛入餐器。煮沸剩余的煮汁，加入水溶淀粉调黏稠，浇淋到高野豆腐上。点缀上姜泥。

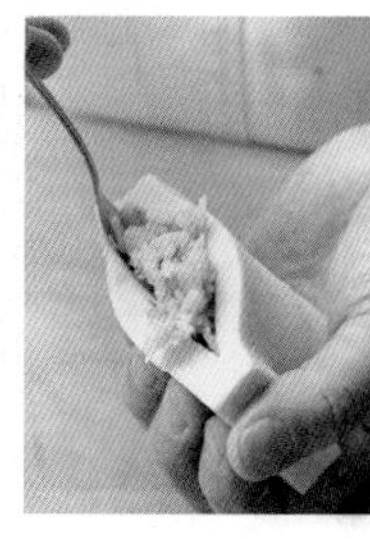

高野豆腐并非袋状，而是筒状。
这样能塞入更多馅料。

---

①高野豆腐：即冻豆腐。豆腐切块在寒冬屋外冻干而成，原因在高野山制作，故得名。

1:1:15

Column 1
健康和食

秋之三菜一汤·日常

近来，和食受到世界的注目，归根到底是因其健康性。世界美食多由油脂构成，而日本料理因更强调原汁原味，卡路里含量也更低。这方面，日本独树一帜。因此，对日本料理食材的探究也备受全球关注。众多外国厨师也常来我处学习研修，但他们并非来学日本料理，而是来学日本料理的技法。

大家觉得和食入选联合国教科文组织非物质文化遗产体现出来的是什么？这表明和食作为一种应被继承、维护的文化已被世界认可。最应守护的和食之基本就是三菜一汤，即一碗汤配一个主菜、两个副菜，以米饭为中心的食谱。

三菜一汤健康在哪里？想想便知，自然在于营养均衡这一点。实实在在地吃下米饭获得满足感，也得以均衡地饱食各类食材。人们普遍怀疑现代餐桌上类脂物是否过量，其实适合米饭口味的菜品不必用油太多。如此完美的健康食谱，日本人必须传承下去。身体健康，就靠三菜一汤！我坚信这一点。

姜煮青花鱼（→ p.56）
凉拌菠菜（→ p.49）
炖油炸豆腐丸（→ p.22）
芋头味噌汤（→ p.67）

第二章 醋拌凉菜的比例

因为太酸不喜欢醋拌凉菜？
最希望这样的人尝尝『比例』适中的混合醋。
把它当作日式调味汁使用，不知不觉就会吃下很多蔬菜。

基本混合醋之“三醋杯”

1:1:1

酱油 : 味淋 : 醋

基本煮汁的比例是“1:1:8”，
“基本混合醋”更易记牢。
在酱油与味淋的基本比例上加醋，就是“1:1:1”。

●

这种混合醋叫“三杯醋”。
三杯醋的“三杯”是指酱油、味淋、醋三者等量。
要配出鲜亮的色泽可选用薄口酱油，普通酱油也同样适用。

●

醋拌凉菜调味很难是不是？难就难在醋量调节上，
动不动就会拌得酸倒牙。
不过，只需等量混合的三杯醋却不可思议地调对了味。

●

学会用混合醋，菜品搭配范围一下子就拓宽了。
原因就在于混合醋非常适合烹制一些简单的副菜。
比如，洋葱切薄片，稍加上点三杯醋，再配上鲣节，就又添上了一道小菜。
三杯醋稍稍加点油，又可变身日式调味汁，做道白汁红肉①也不成问题。

●

这三杯醋是混合醋之基本，请一定牢记在心。

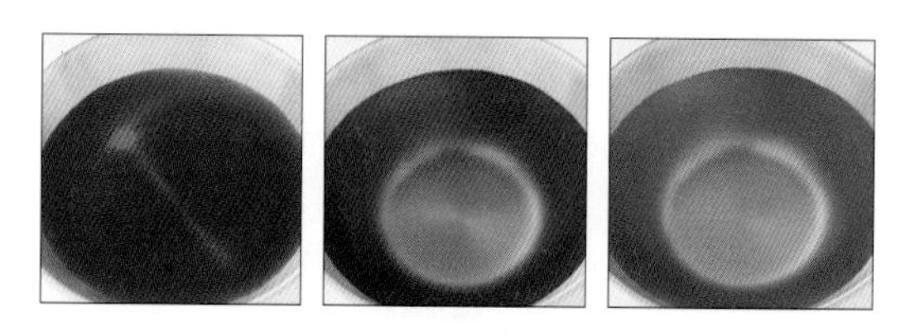

[应用例]
醋拌黄瓜茗荷 | 醋拌八带裙带菜 | 醋拌芥末萝卜
三杯醋拌杂鱼萝卜泥 | 醋拌鳗鱼黄瓜 | 沙拉调味汁

---

①白汁红肉：配有调味汁的生牛肉片。

萝卜泥拌黄瓜干鲹鱼

如果有剩下的干鱼贝，可以这样清清淡淡地拌着吃。
为便于确定口味要将黄瓜里的水分彻底挤净。

材料（2人份）

三杯醋（1:1:1）
- 薄口酱油…40ml（2⅔大匙）
- 味淋…40ml（2⅔大匙）
- 醋…40ml（2⅔大匙）

黄瓜…2根
晒干的鲹鱼…1条
萝卜…260g（净重）
姜汁…1小匙
茗荷（切小片）…1个量
◎盐

热量：30千卡
烹饪时间：20分钟

1. 将晒干的鲹鱼用烤鱼转架烧烤后冷却。去鱼骨鱼皮，轻轻揉搓开。
2. 黄瓜纵向对半切开，用勺子刮掉瓤，斜切成2~3mm厚的片状，浸于2%的盐水（按1杯水约配⅔小匙盐的基准）中约10分钟后（参考图片），彻底挤净水分。
3. 萝卜擦泥，挤净水分。
4. 将鲹鱼干、黄瓜、萝卜泥入碗混合，调节着三杯醋与姜汁用量加入混拌。盛入餐器，点缀上茗荷。

黄瓜浸盐水后彻底挤净水分，咬起来更脆。

醋拌芥末白菜

甘甜的白菜最易使芥末出辣味。
白菜趁热跟三杯醋混拌，入味又快又透。

材料（2人份）

三杯醋（1:1:1）
- 薄口酱油…30ml（2大匙）
- 味淋…30ml（2大匙）
- 醋…30ml（2大匙）

白菜（白菜帮部分）…180g
芥末酱…1小匙
◎黑胡椒（粗磨）

热量：70千卡
烹饪时间：10分钟（不含冷却时间）

1. 白菜切成3cm长的梆子形，用热水快速白焯。三杯醋入碗混合。
2. 将白菜置于沥水盆内控水，趁热入碗与三杯醋混拌。
3. 冷却后加入芥末酱混拌，盛入餐器。撒上适量黑胡椒。

脆咸干萝卜丝

干萝卜丝并非只能干烧，也可以这样简单地拌着吃。
只需将三杯醋、干萝卜丝、泡发干萝卜丝的水盛入塑料袋即可。

材料（2 人份）

三杯醋（1:1:1）
- 薄口酱油…20ml（1 ⅓ 大匙）
- 味淋…20ml（1 ⅓ 大匙）
- 醋…20ml（1 ⅓ 大匙）

干萝卜丝…40g
红辣椒（切小片）…1 根量
盐腌花椒（市面售品 / 脱盐）…适量

热量：90 千卡
烹饪时间：5 分钟（不含腌浸时间）

1. 干萝卜丝水洗后盛入塑料袋，加入三杯醋、红辣椒与 4 大匙水。
2. 扎紧塑料袋口，放置约 1 小时。
3. 盛入餐器，点缀上盐腌花椒。

日式香味蔬菜沙拉

香气怡人的日本蔬菜，拼出一道沙拉大餐。
在三杯醋里加油，即可成为简单素朴的日式调味汁。

材料（2人份）

三杯醋（1:1:1）
- 薄口酱油…10ml（2小匙）
- 味淋…10ml（2小匙）
- 醋…10ml（2小匙）

甜醋[①]（1:1:1）
- 汤汁…30ml（2大匙）
- 味淋…30ml（2大匙）
- 醋…30ml（2大匙）

茗荷…3个
土当归…70g
煮竹笋…75g
嫩豌豆荚…8个
草苏铁[②]…4根
绿紫苏…5片
芥末酱…1小匙
白芝麻…适量
花椒芽…适量
◎醋・盐・特级初榨橄榄油

热量：190千卡
烹饪时间：20分钟（不含茗荷腌浸时间）

1. 茗荷切成4等份，用加入少量醋的热水快速白焯。置于沥水盆内控水，撒上少量盐。静置冷却，腌浸在甜醋中约1小时。
2. 土当归削皮，太粗的话切成4等份，乱切成6~7cm长的不规则块状放入水中。竹笋也切成6~7cm长，粗细要与土当归一致。去除嫩豌豆荚的蒂和筋，快速白焯浸于冷水中。去除草苏铁根部坚硬部分，快速白焯浸于冷水中。
3. 将以上食材入碗，用手撕碎绿紫苏加上。将三杯醋、2大匙特级初榨橄榄油、芥末酱混合，边尝味边一点点加入碗中。
4. 盛入餐器，撒上白芝麻，点缀上花椒芽。

---

①调制甜醋，将各材料入锅混合坐旺火，即将沸腾前从火上移下冷却（参照p.42）。
②草苏铁，一种蕨类野菜。

1:1:1

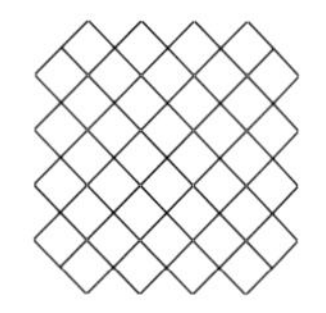

三杯醋变身橙汁酱油

1:1:1
酱油 : 味淋 : 柑橘类榨汁

看到这里，有读者会产生疑惑：“咦？不用醋吗？”
将橙汁即柑橘类榨汁当作醋就构成了这个比例。
总之，只是把“基本混合醋”里的“醋”换成“柑橘类榨汁”。

自家制作的橙汁酱油在口味上、香味上都别具一格。
用它拌出的烫豆腐或盐烤秋刀鱼绝对味美怡人。
所谓柑橘类，包括香橙、柠檬、臭橙、酸橘等，可选用个人喜爱的品种。
混合 2~3 种，会调出更为浓郁的味道。
置于冰箱内可保存 1~2 个月，因此多多配制一些也无妨。
请在海带渗出黏液前取出。

蛋黄醋
1:1:1:6
酱油 : 味淋 : 醋 : 蛋黄

做好基本的三杯醋后，再用多一倍量的蛋黄稀释。因为很像日本产蛋黄酱，可蘸各种蔬菜食用。

醋味噌
1:1:1:9
酱油 : 味淋 : 醋 : 白味噌

看起来有点料理屋的风味，其实只需混合在一起，非常简单。醋味噌拌油菜花、拌刺身魔芋或配着煮萤鱿吃都不错。

芝麻醋
1:1:1:2
酱油 : 味淋 : 醋 : 芝麻酱

芝麻使菜品味道更浓郁，因此非常适合烤茄子、卷心菜等蔬菜。作为烹蒸类蔬菜的佐料汁也很对味。

1:1:1

橙汁酱油拌烤香菇

秋天里，烤熟肉质厚实的香菇，
浇淋上香气四溢的自制橙汁酱油，不觉极尽奢华？

材料（2 人份）

橙汁酱油（1:1:1）
- 酱油…50ml（¼杯）
- 味淋…50ml（¼杯）
- 香橙榨汁…50ml（¼杯）

海带…（$5cm^2$）1 片
生香菇…6 个（大）
七味辣椒粉…适宜
◎盐

热量：20 千卡
烹饪时间：10 分钟（不含海带腌浸时间）

1. 混合橙汁酱油材料，加入海带放置约 1 天。
2. 香菇去茎，撒上少量盐。用烤鱼转架将香菇两面烤得焦黄。
3. 将烤香菇盛入餐器，浇淋上适量橙汁酱油。可按个人喜好撒上七味辣椒粉。

1:1:1

橙汁酱油拌芜菁叶

剩下的芜菁叶也不许丢！
只要加盐稍稍揉搓就能做成一碟小菜。

材料（2 人份）

橙汁酱油（1:1:1）
- 酱油…50ml（¼杯）
- 味淋…50ml（¼杯）
- 香橙榨汁…50ml（¼杯）

海带…（$5cm^2$）1 片
芜菁叶…2 个量（150g）
油炸豆腐…半块
香橙皮（切丝）…⅓ 个量
◎盐

热量：60 千卡
烹饪时间：15 分钟（不含海带腌浸时间）

1. 混合橙汁酱油材料，加入海带放置约 1 天。
2. 芜菁叶切成 3cm 长，用约¼小匙盐揉搓。
3. 将油炸豆腐用平底炒锅煎得两面焦黄，切成长方块。
4. 将芜菁、油炸豆腐及香橙皮（留出少量用于装饰）放进碗中，用适量橙汁酱油混拌。盛入餐器，点缀上装饰用的香橙皮。

芝麻醋拌西蓝花

加进芝麻酱的浓香，俨然芝麻调味汁。
西蓝花或菜花，请按个人喜好任意选用。

材料（2人份）

芝麻醋（1:1:1:2）
- 酱油…15ml（1大匙）
- 味淋…15ml（1大匙）
- 醋…15ml（1大匙）
- 芝麻酱…30ml（2大匙）

西蓝花…半个（100g）
菜花…半个（100g）
白芝麻…适量
◎盐

热量：150千卡
烹饪时间：10分钟（不含冷却时间）

1. 西蓝花及菜花切分成小块，用热水白焯2~3分钟。置于沥水盆内，撒上少量盐静置冷却。
2. 混合芝麻醋的材料。
3. 将西蓝花和菜花盛入餐器，均匀浇淋上芝麻醋，撒上白芝麻。

醋味噌拌冬葱鱿鱼

在以前的著书中也介绍过醋味噌凉拌菜，而本例的味噌只需混合，尤为简便。
冬葱与鱿鱼这一搭配是绝不可错过的定例菜品。

材料（2人份）

醋味噌（1:1:1:9）
- 酱油…5ml（1小匙）
- 味淋…5ml（1小匙）
- 醋…5ml（1小匙）
- 白味噌…45ml（3大匙）

冬葱…1把（100g）
鱿鱼（剥去薄皮）…75g
芥末酱…¼小匙
陈皮[1]…适量
◎酒

热量：100千卡
烹饪时间：15分钟

1. 鱿鱼切成4cm长的长方块。将2大匙酒与鱿鱼入锅坐旺火，酒煎[2]到鱿鱼熟透。
2. 冬葱去根，将靠近根的部分用橡皮筋等扎住。用热水白焯后浸水。挤净水分，用手将其中的黏液捋出，切成4cm长。
3. 将芥末酱加入醋味噌材料中混合。
4. 鱿鱼与冬葱入碗，调节着酱汁的量加入。抄碗底轻轻混拌盛入餐器，可按个人喜好点缀上陈皮。

---

①陈皮：将酸橙皮切丝置于微波炉（600W）内加热约2分钟干燥后即得。
②酒煎：加酒使食材入味。

蛋黄醋拌土当归裙带菜

光是腌浸过甜醋的土当归就美味无比了，
再稍浇淋上一点儿蛋黄醋更加别致。

材料（2人份）

蛋黄醋（1:1:1:6）
- 薄口酱油…5ml（1小匙）
- 味淋…5ml（1小匙）
- 醋…5ml（1小匙）
- 蛋黄…30ml（2个量）

甜醋[①]（1:1:1）
- 汤汁…50ml（¼杯）
- 味淋…50ml（¼杯）
- 醋…50ml（¼杯）

土当归…半根

裙带菜（生）…50g

热量：90千卡

烹饪时间：20分钟（不含甜醋、蛋黄醋冷却时间，不含甜醋腌浸土当归时间。）

1. 土当归削皮乱切成不规则块状，用加入少量醋的热水白焯。置于沥水盆内冷却后浸于甜醋中约半天。
2. 做蛋黄醋。将蛋黄打散在碗里搅开，其余材料混在碗里一起汤煎[②]，混拌着加热。变黏稠后从火上移下冷却。
3. 裙带菜切成方便食用的大小，没入步骤1的甜醋后控净水分。
4. 将土当归、裙带菜盛入餐器，浇淋上按个人喜好的浓度用适量甜醋稀释后的蛋黄醋。撒上适量黑胡椒。

---

①调制甜醋，将各材料入锅混合坐旺火，即将沸腾前从火上移下冷却（参照p.42）。

②汤煎：将食材装在容器内放入热水烫。

蛋黄醋土豆沙拉

有人说蛋黄醋像是日式蛋黄酱，
总之，无油脂又健康，尤为适合担心卡路里摄入过多的人。

材料（2~3人份）

蛋黄醋（1:1:1:6）
- 薄口酱油…10ml（2小匙）
- 味淋…10ml（2小匙）
- 醋…10ml（2小匙）
- 蛋黄…60ml（4个量）

土豆…4个（360g）
黄瓜…1根（100g）
火腿…50g
芥末酱…1小匙
◎盐・黑胡椒（粗磨）

热量：220千卡
烹饪时间：25分钟（不含蛋黄醋冷却时间）

1. 做蛋黄醋。将蛋黄打散在碗里搅开，其余材料混在碗里一起汤煎，混拌着加热。变黏稠后从火上移下冷却，加入芥末酱。
2. 土豆削皮切成4等份，浸水漂洗。放入耐热容器，轻轻覆上保鲜膜，置于微波炉（600W）内加热6~7分钟。撒上半小匙盐入味，粗粗捣碎。
3. 黄瓜纵向对半切开，用勺子刮掉瓤，斜切成2~3mm厚。撒上少量盐入味，腌出水后挤净。火腿切成3cm长的长方块。
4. 土豆、黄瓜、火腿入碗，加入蛋黄醋抄碗底轻轻混拌。盛入餐器，撒上黑胡椒。

甜醋也是

1:1:1

汤汁 : 味淋 : 醋

甜醋这种混合醋在和食中不可或缺。
“酱油 : 味淋 : 醋”是“基本混合醋（三杯醋）”的比例，
而将“酱油”换成“汤汁”的“1:1:1”就变成了甜醋。
因用味淋代替砂糖，制成的甜醋口味清淡。

●

虽然脱离了“酱油 : 味淋 =1:1”这一法则，
但只要理解为“仅将三杯醋的酱油换成汤汁”
就不是什么难事儿了。
“1:1:1”跟基本比例相同，不过用的都是浅色材料。
甜醋的比例是什么来着？记不起来时，请这样想想。

●

调制甜醋，将材料入小锅坐火，
请在即将沸腾前将锅从火上移下。
如果煮沸，醋会挥发掉。
在冷却甜醋的过程中，
只将用热水焯过的西蓝花或芦笋腌浸进去也能成就一道美味。
说来就像无油脂醋渍汁一样，绝对健康。
甜醋注入保存容器，置于冰箱内能保存一周左右，
因此可集中适量调制。

 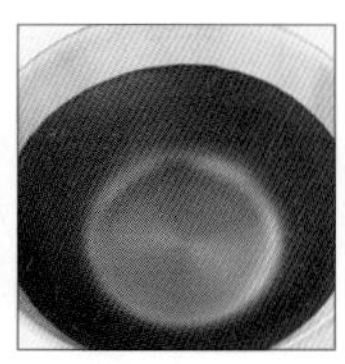 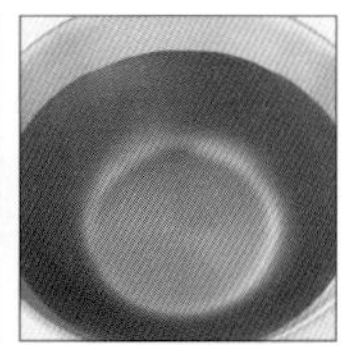

[应用例]
甜醋腌蕌头 | 甜醋腌茗荷 | 甜醋腌新姜
小芜菁八宝腌菜 | 醋溜藕片 | 醋拌红白萝卜丝

甜醋拌洋葱夏橙

不多见的搭配，独具风味。
请一定用手边的各类柑橘尝试一下。

材料（2人份）

甜醋（1:1:1）
- 汤汁…40ml（2⅔大匙）
- 味淋…40ml（2⅔大匙）
- 醋…40ml（2⅔大匙）

洋葱…1个（200g）
夏橙…半个
红胡椒…少量
◎盐

热量：90千卡
烹饪时间：10分钟（不含甜醋冷却时间）

1. 调制甜醋，将各材料入锅混合坐旺火，即将沸腾前从火上移下冷却。
2. 洋葱切薄片，浸水漂洗后控净水。撒上约为洋葱重量2%的盐（约⅔小匙），均匀入味放置片刻后，挤净水分。
3. 夏橙剥去薄皮，取出果肉轻轻掰开。
4. 将洋葱、夏橙入碗。边尝味边一点点加入步骤1的甜醋混拌。盛入餐器，点缀上红胡椒。

甜醋腌番茄

最近，色彩纷呈口味各异的番茄被培育了出来，
像本菜品这样光把它们拼合在一起就妙趣无穷。

材料（2~3 人份）

甜醋（1:1:1）
- 汤汁…80ml（⅔ 杯）
- 味淋…80ml（⅔ 杯）
- 醋…80ml（⅔ 杯）

喜欢的番茄…（合计）300g
紫苏叶（生）…适量
◎盐

热量：70 千卡
烹饪时间：10 分钟（不含甜醋冷却时间、腌浸时间）

1. 调制甜醋，将各材料入锅混合坐旺火，即将沸腾前从火上移下冷却。
2. 番茄去蒂，较大的切成 2~4 等份。较小的在无蒂一侧割入十字形切口。
3. 将番茄入碗，撒上约为其重量 2% 的盐（约 1 小匙）入味。
4. 在步骤 3 的碗中加入步骤 1 的甜醋腌浸 2 小时以上，盛入餐器，配上紫苏叶。

1:1:1

甜醋土豆

巧用切丝器，土豆切丝也能瞬间搞定。

切成粗丝时，要预煮一下。

材料（2人份）

甜醋（1:1:1）

- 汤汁…60ml（4大匙）
- 味淋…60ml（4大匙）
- 醋…60ml（4大匙）

土豆…2个（250g）

柠檬皮（国产／切丝）…¼个量

红胡椒…适量

◎盐

热量：140千卡

烹饪时间：10分钟（不含甜醋冷却时间）

1. 调制甜醋，将各材料入锅混合坐旺火，即将沸腾前从火上移下冷却。
2. 土豆用切丝器切成丝，浸水漂洗后控水。
3. 在土豆丝上撒上约为其重量2%的盐（约1小匙），均匀入味放置片刻后，挤净水分。
4. 将土豆丝入碗，边尝味边一点点加入步骤1的甜醋混拌。盛入餐器，点缀上柠檬皮与红胡椒。

1:1:1

萝卜八宝腌菜

用加进红辣椒的甜醋腌浸过的腌菜就是“八宝腌菜”。稍做点尝尝，好吃得让人停不下筷子。

材料（2人份）

甜醋（1:1:1）

- 汤汁…60ml（4大匙）
- 味淋…60ml（4大匙）
- 醋…60ml（4大匙）

萝卜…⅕根（200g）

红辣椒（去种切小片）…1根量

◎盐

热量：70千卡

烹饪时间：10分钟（不含甜醋冷却时间、腌浸时间）

1. 调制甜醋，将各材料入锅混合坐旺火，即将沸腾前从火上移下冷却。
2. 萝卜切成4cm长的梆子形。
3. 在萝卜上撒上约为其重量2%的盐（约⅔小匙），均匀入味放置片刻后，挤净水分。
4. 将步骤1的甜醋入碗，加入萝卜与红辣椒腌浸2小时以上，一起盛入餐器。

Column 2
用比例做三菜一汤

春之三菜一汤·宴客

刚才聊了聊三菜一汤，感觉似乎听到了这样的抱怨：“说得轻巧！现代人忙得很，做三菜一汤什么的太费工夫！”不要担心，助大家一臂之力的正是这“比例”。按调料比例规则烹制，口味轻松搞定。无需犹豫果断出手，当然就省去了不必要的麻烦。编排菜单时也一样，只要将按不同比例烹制的菜品组合起来，自然会配出千变万化的口味来，一点儿也不费脑筋。

三菜一汤不单单是日常饭菜。上面的图片就是有意识地做出“春之宴”的菜品搭配。看起来复杂，其实全都是本书介绍过的菜品。加进各个季节的不同特色，想象着用餐人的幸福面容，只要有心，用“比例”完全能够创作出这样一桌丰盛大餐。

三菜一汤太难的话，从两菜一汤做起就好。捧起饭碗拿起筷子就着味噌汤一起品尝美味佳肴，这样的日子，就在不久之前还曾有过，绝非难事。请以此为契机，一点点地重新审视每天的饮食生活吧。

鲅鱼幽庵烧①（→p.56）
芜菁虾仁拼盘（→p.18）
蛋黄醋拌土当归裙带菜（→p.40）
新土豆白味噌汤（→p.66）
蜂斗叶焖饭（→p.62）

---

①幽庵烧：日式烧烤菜品的一种，用幽庵烧汤底涂到鱼肉上烧烤，由江户时代的美食家坚田幽庵首创。

第三章 浸物·和物的比例

还想再来一盘蔬菜的时候，
小小的副菜肯定会为餐桌增光添彩。
不费吹灰之力便做出这样一份料理，岂不是乐事一桩？

浸物

1:1:12

酱油 : 味淋 : 汤汁

说起凉拌菠菜，有人以为就是在热水焯过的菠菜里
倒上酱油做出来的，其实不然。
因为要腌浸在汤汁中，所以才叫“浸物”。这可是日本独有的料理哪！
要简单地品味当季蔬菜，浸物绝对是很好的选择。

●

无论蔬菜先焯、先烤或是先炸，腌浸时的比例都是“1:1:12”。

●

在“1:1”的酱油和味淋里加入汤汁做成“煮汁”，用这熟识的构成，
调配出介于“基本煮汁”与“能品味汤汁的清淡煮汁”
两者之间的口味。
由此便可制成感受到汤汁存在的、口味偏清淡的上等浸物。

●

做浸物的诀窍就是白焯蔬菜后要将水分挤净。
烤或炸时还好说，如果水分进了汤汁，比例发生变化，味道就不准了。
请一定要将蔬菜焯得爽口有嚼劲。

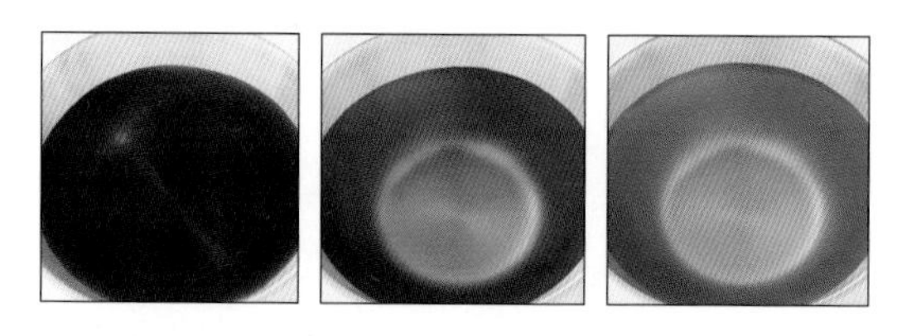

[应用例]
凉拌西蓝花 | 凉拌油菜花 | 凉拌小油菜
凉拌烤芦笋 | 凉拌烤蘑菇 | 凉拌油炸南瓜

凉拌菠菜

将菠菜切成1寸（约3cm）左右，方便一口吃下。
这类细节最好也能铭记于心。

材料（2人份）

腌拌汤底（1:1:12）
- 薄口酱油…15ml（1大匙）
- 味淋…15ml（1大匙）
- 汤汁…180ml

菠菜…1把（200g）
鲣节…适量

热量：45千卡
烹饪时间：10分钟（不含汤底冷却、菠菜腌浸时间）

1. 将腌拌汤底入锅混合坐旺火，沸腾后熄火冷却。
2. 用热水白焯菠菜，使其色泽鲜亮。浸入冷水，挤净水分（参考图片）。
3. 将菠菜切成3cm长，腌浸于汤底内约1小时。连同汤底一起盛入餐器，点缀上鲣节。

为避免味道被冲淡，
将水分彻底挤净至关重要。

凉拌炸茄子

夏季蔬菜先油炸后凉拌最对味。
本菜品最宜油炸的是茄子与万愿寺辣椒。

材料（适量）

腌拌汤底（1:1:12）
- 酱油・薄口酱油…各 15ml（各 1 大匙）
- 味淋…30ml（2 大匙）
- 汤汁…360ml（1⅘ 杯）

茄子…4 个
万愿寺辣椒…2 根
茗荷（切小片）…1 个量
◎煎炸用油

热量：530 千卡
烹饪时间：20 分钟（不含汤底冷却时间、茄子腌浸时间）

1. 将腌拌汤底入锅混合坐旺火，沸腾后熄火。降温后置于冰箱内冷却。
2. 在茄萼上割入一周切口去除外萼。在另一侧用筷子等扎孔。在万愿寺辣椒上也用竹签预先扎孔。
3. 将油加热到 180℃，煎炸茄子与万愿寺辣椒。炸透后控油，腌浸于步骤 1 的汤底内 2~3 小时，置于冰箱内冷却。连同汤底一起盛入餐器，点缀上茗荷。

凉拌烤彩椒

将切大块的彩椒慢慢烤透引发出甜味。
凉拌烧烤，味道柔柔的、淡淡的、爽爽的。

材料（2人份）

腌拌汤底（1:1:12）
- 薄口酱油…20ml（1⅓大匙）
- 味淋…20ml（1⅓大匙）
- 汤汁…240ml（1⅕杯）

彩椒（红・黄）…（合计）2个
◎黑胡椒（粗磨）

热量：70千卡
烹饪时间：15分钟（不含汤底冷却时间、彩椒腌浸时间）

1. 将腌拌汤底入锅混合坐旺火，沸腾后熄火冷却。
2. 彩椒去蒂除种，分别切分成3等份。将烧烤网架放在小炉子上加热，彩椒摆放其上将两面烤到熟透（或用烤鱼转架烤）。
3. 将彩椒腌浸于步骤1的汤底内2~3小时。连同汤底一起盛入餐器，撒上适量黑胡椒。

和物

1:1:？

酱油：味淋：？

“1:1:？”？有人会问“？”是什么？
和物的比例说得含混不清，敬请谅解。

●

总之，要继续保持“酱油：味淋=1:1”这个比例，
再加上芝麻或者梅子等做成拌料。

●

先做基本混合拌料，
可边尝味边添加。
研究与蔬菜最对味的拌料也算是一桩趣事。

●

反过来说，即便加进了这些调料，
只要严守“1:1”的比例平衡，
就能确保口味稳定。

●

对和物整体而言，调拌时，
要一边尝味一边一点点地加入拌料，
而且拌好后一定要马上食用，因为会腌出水分。
这点跟沙拉一样。

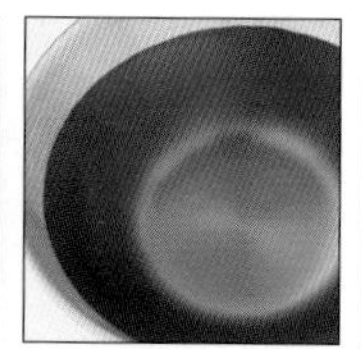

[应用例]

芝麻拌菠菜｜芝麻拌豆芽｜白芝麻豆腐拌茼蒿
梅子拌苦瓜｜芥末拌赤车使者｜辣根拌秋葵

芝麻拌卷心菜

初春的卷心菜尤为甘甜，特别好吃，烹制也简单。
注意要焯得有嚼劲。

材料（2人份）

拌料（1:1:2）
- 酱油…20ml（$1\frac{1}{3}$大匙）
- 味淋…20ml（$1\frac{1}{3}$大匙）
- 研磨芝麻（白）…40ml（$2\frac{2}{3}$大匙）

卷心菜…100g
白芝麻…少量

热量：90千卡
烹饪时间：10分钟

1. 卷心菜撕成方便食用的大小，用热水白焯，置于沥水盆内控净水。
2. 卷心菜入碗，将混合后的拌料一点点加入混拌（参考图片）。盛入餐器，撒上白芝麻。

加入拌料后要马上食用，可边尝味边添加拌料。

辣根拌油菜花

淡淡的苦味令人欢喜，这是春季定例和物。
换成芥末也无妨。

材料（2人份）

拌料（1:1:⅙）

- 酱油…15ml（1大匙）
- 味淋…15ml（1大匙）
- 辣根酱…2.5ml（半小匙）

油菜花…140g

白芝麻…¼小匙

热量：50千卡

烹饪时间：10分钟

1. 油菜花切成3cm长，用热水白焯。浸于冷水中，挤净水分。
2. 油菜花入碗，将混合后的拌料一点点加入混拌。盛入餐器，撒上白芝麻。

梅子拌山药

山药捣碎，大小不必统一，可尽享咔嚓咔嚓的清脆口感。
微微甘甜的拌料之香更会提升梅子的酸味。

材料（2人份）

拌料（1:1:1）
- 酱油…5ml（1小匙）
- 味淋…5ml（1小匙）
- 梅肉①…5ml（1小匙）

山药…⅕根（130g）
烤紫菜片（完整）…¼片
梅肉（装饰用）…适量

热量：50千卡
烹饪时间：10分钟

1. 山药削皮装入塑料袋，用研磨棒捣碎。
2. 将山药入碗，撕碎紫菜加入。
3. 将混合后的拌料一点点加入碗中，快速混拌。盛入餐器，点缀上梅肉。

---

①梅肉：将去种的梅干细细捣碎。

鱼类菜品 1:1:4:4

现对按比例编排三菜一汤食谱时作为主菜的鱼和肉类菜品略作介绍。先说鱼类菜品。相比肉类，不少人似乎认为鱼更难做，其实用比例烹制非常简单。

煮鱼的比例是“酱油：味淋：酒：水 =1:1:4:4”。这是将基本煮汁中“1:1:8”的水用各半量的酒与水代替的做法。食材是鱼，所以就不需要用鲣鱼和海带做的汤汁了。相反，为去除鱼腥并增添香味，必然要加酒。亦可全都用酒，不过太浪费。可先尝试用方便处理的鱼肉块烹制。

姜煮青花鱼（2 人份）

混合汤料（1:1:4:4）

- 酱油…20ml（1⅓ 大匙）
- 味淋…20ml（1⅓ 大匙）
- 酒…80ml（⅖ 杯）
- 水…80ml（⅖ 杯）

1. 在 2 块青花鱼肉带皮侧割入十字形切口，快速没入热水。表面变白后浸入加冰凉水，去除发黑部分及污物。
2. 将青花鱼及 1 块量的姜片入锅，倒入混合汤料。
3. 盖上落锅盖坐中火，烹煮到煮汁变黏稠。

鲅鱼幽庵烧（2 人份）

混合汤料（1:1:4:4）

- 酱油…20ml（1⅓ 大匙）
- 味淋…20ml（1⅓ 大匙）
- 酒…80ml（⅖ 杯）
- 水…80ml（⅖ 杯）

1. 将混合汤料倒入搪瓷盘等容器，将 2 块鲅鱼肉腌浸约 24 小时。
2. 色拉油入平底炒锅加热，控净步骤 1 的鱼肉块的水分后放入锅内。
3. 盖上锅盖用微火煎，一面煎好后翻过来将另一面也煎到焦黄。

第四章 米饭·汤菜的比例

温热的米饭与汤菜是日本料理的基本。
正因为每天都要做，用『比例』才更高效。
通过不同蔬菜来感知季节变迁，不失为一桩乐事。

焖饭

1:3:120[①]

盐：酒：汤汁（或水）

用比例焖饭虽说便利，却不是一下子都能记得住这些数字。

这里有个方便记忆的方法，

3 杯米（600ml）配“1 小匙盐、1 大匙酒、1 大匙酱油、3 杯汤汁”。

好记吧？

这大致是 4 人份，烹制 2 人份时减半即可。

●

焖饭大多用酱油，

但要品味蜂斗叶焖饭、豆焖饭等这些应季蔬菜做成的焖饭的细腻口感时，

可直接焖白米饭，省去酱油。

●

用汤汁还是用水，要视食材情况而定。

加入鱼贝类、肉类的焖饭，因食材会出汤汁，加水即可。

要品味味淡香甜的蔬菜时，最好也不用汤汁。

●

比如春季上市时间很短的蜂斗叶与青豌豆。

在普通米饭里焖进这类蔬菜，会马上意识到“春天来啦！”

焖饭妙就妙在能够这样品味季节的味道。

[应用例]

用酱油的比例：五目饭[②] | 竹笋焖饭 | 芋头焖饭 | 姜焖饭

不用酱油的比例：蚕豆焖饭 | 豆焖饭 | 地瓜焖饭 | 栗子焖饭

---

①有时会加薄口酱油，则比例为 1:3:3:120。

②五目饭：将蔬菜、鱼类、肉类等切碎混入米中一起焖。

多种蘑菇一并焖入，出味更浓。
不同食感生出不同妙趣。

材料（4人份）

混合汤料（1:3:3:120）
- 盐…5ml（1小匙）
- 酒…15ml（1大匙）
- 薄口酱油…15ml（1大匙）
- 汤汁…600ml（3杯）

杏鲍菇…半袋（60g）
生香菇…半袋（60g）
丛生口蘑…半袋（60g）
米…600ml（3杯）
香橙皮（切丁）…适量

热量：470千卡
烹饪时间：10分钟（不含米的放置、焖煮时间）

1. 淘米，于沥水盆内放置约30分钟。
2. 杏鲍菇切成3cm长的梆子形。香菇去茎切薄片。丛生口蘑去根切小块。
3. 将以上食材及混合汤料加入电饭锅，正常焖煮。盛入餐器，撒上香橙皮。

鸡肉栗子焖饭

栗子选用市面上销售的糖炒栗子即可，很简单。
鸡肉的浓香与栗子极为般配。

材料（4 人份）

混合汤料（1:3:3:120）
- 盐…5ml（1 小匙）
- 酒…15ml（1 大匙）
- 薄口酱油…15ml(1 大匙）
- 水…600ml（3 杯）

鸡腿肉…1 块（350g）
糖炒栗子…90g（净重）
米…600ml（3 杯）
◎盐

热量：290 千卡
烹饪时间：20 分钟（不含米的放置、焖煮时间）

1. 淘米，于沥水盆内放置约 30 分钟。
2. 撒上约为鸡肉重量 1% 的盐（约⅔小匙），用平底炒锅将鸡肉两面煎得焦黄（参考图片），切成 $1.5cm^3$ 的方块。较大的糖炒栗子可对半切开。
3. 将以上食材及混合汤料加入电饭锅，正常焖煮。

将鸡肉煎得焦黄，
其浓香风味也会焖进米饭。

金时焖饭

我家在五谷神祭日那天焖这种米饭吃。
用供奉给五谷神的油炸豆腐跟鸟居似的胡萝卜搭配。

材料（4人份）

混合汤料（1:3:3:120）
- 盐…5ml（1小匙）
- 酒…15ml（1大匙）
- 薄口酱油…15ml（1大匙）
- 汤汁…600ml（3杯）

胡萝卜（有的话可用金时胡萝卜）…100g
油炸豆腐…40g
米…600ml（3杯）
香橙皮（切碎末）…适量

热量：510千卡
烹饪时间：10分钟（不含米的放置、焖煮时间）

1. 淘米，于沥水盆内放置约30分钟。
2. 胡萝卜与油炸豆腐细切成1.5cm长（参考图片）。
3. 将以上食材及混合汤料加入电饭锅，正常焖煮。盛入餐器，撒上香橙皮。

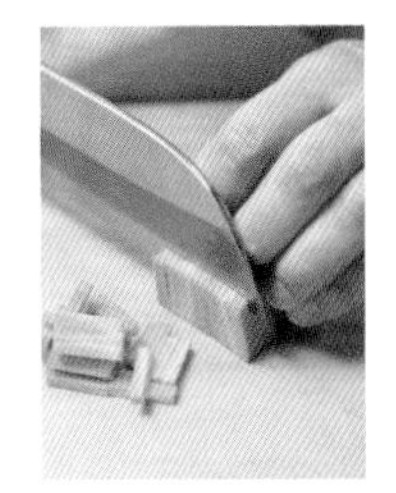

有意识地将胡萝卜切成
与米粒相配的厚薄。

蜂斗叶焖饭

像蜂斗叶这类传统的蔬菜，希望年轻人们也能大快朵颐。
请尽情享用那微苦的春之香吧。

材料（4 人份）

混合汤料（1:3:120）
- 盐…5ml（1 小匙）
- 酒…15ml（1 大匙）
- 水…600ml（3 杯）

蜂斗叶…200g（净重）
米…600ml（3 杯）
◎盐

热量：460 千卡
烹饪时间：15 分钟（不含米的放置、焖煮时间）

1. 淘米，于沥水盆内放置约 30 分钟。将米与混合汤料加入电饭锅，正常焖煮。
2. 用适量盐案板整腌①蜂斗叶（参考图片），白焯使其色彩鲜亮。浸水后削皮切小片。
3. 将米饭焖煮好后，加入蜂斗菜混拌。

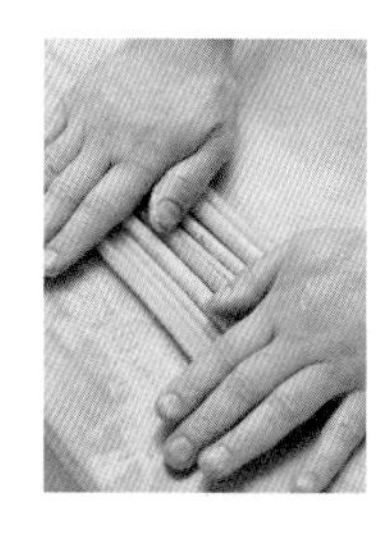

蜂斗叶的预处理工作
只需案板整腌、预煮、削皮，
相当简单。

---

①案板整腌：在食材上撒上适量盐，用手掌使其在案板上滚动，使盐均匀分布在食材表面，放置约 5 分钟。在盐的浸透压作用下，水分从食材上渗出，食材咸味加重。

玉米焖饭

玉米不光甜，还有满口的好味道。
用从玉米中提取的“汤汁”焖米饭，绝对能大饱口福。

材料（4 人份）

混合汤料（1:3:120）
- 盐…5ml（1 小匙）
- 酒…15ml（1 大匙）
- 玉米汤汁…600ml（3 杯）

玉米…2 个
米…600ml（3 杯）
玉米汤汁
- 玉米皮・棒…2 个量
- 海带…1 片（$5cm^2$）
- 水…6 杯

茗荷（切小片）…2 个量
◎盐

热量：530 千卡
烹饪时间：25 分钟（不含米的放置、焖煮时间）

1. 淘米，于沥水盆内放置约 30 分钟。
2. 用保鲜膜包住玉米，置于微波炉（600W）内加热 6~8 分钟。撒上少量盐，用菜刀刮下玉米粒。
3. 提取玉米汤汁。将玉米皮、玉米棒切成适当大小，与海带、水一起入锅炖煮（参考图片）。煮到水剩下约一半时用沥水盆过滤，提取出 3 杯汤汁。
4. 将米与混合汤料加入电饭锅正常焖煮。焖好后，加入玉米粒再稍焖一会儿，混拌均匀。盛入餐器，点缀上茗荷。

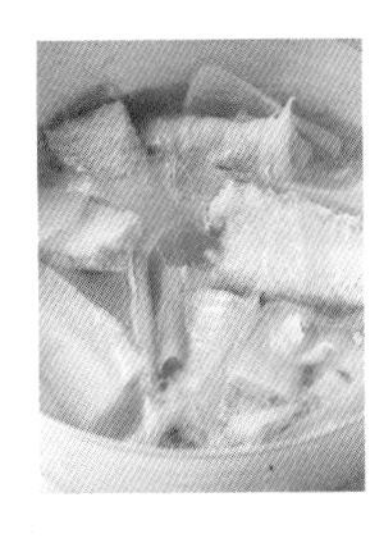

玉米皮、玉米棒里的好味道做成“汤汁”，要一点儿不剩地用光哪。

味噌汤 1:15 白味噌汤 1:5

味噌：汤汁

说味噌汤的比例是“1:15”，不太容易弄明白吧？

这是 2 人份，1⅓ 大匙味噌配 300ml 汤汁。

1 人份的味噌汤，味噌用量请大致定为一个梅干大小就好。

●

不过，日本各地的味噌口味都不一样。

本书用相同比例介绍普通味噌及八丁味噌，请读者姑且将其视为一个基准。

重要的是找到这基准。

做出来的味噌汤一天一个味儿肯定很伤脑筋吧！

如此这般定下一个基准，再通过添加各季蔬菜变换口味。

●

白味噌例外，用量和用法都与普通味噌大相径庭。

首先，用量多。

京都人也不是天天都喝白味噌汤，

因为需要普通味噌的 3 倍量，贵得很。

另外，溶入白味噌后要煮沸一次，

这也是跟普通味噌的不同之处。

白味噌是留有豆腥气的鲜味噌，

最后要撇净浮沫再用。

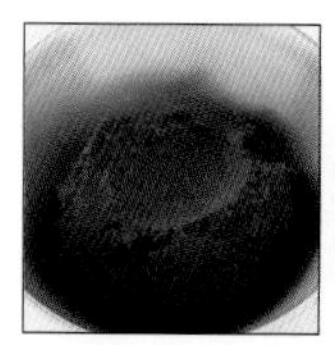
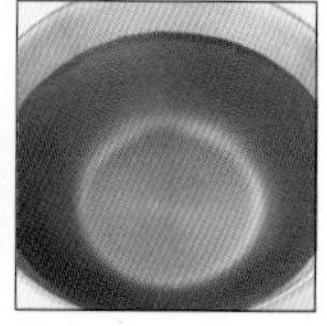
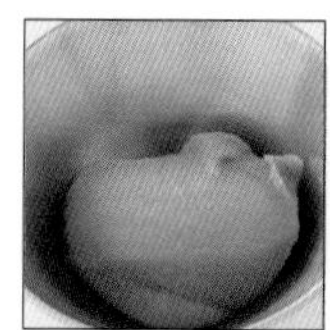
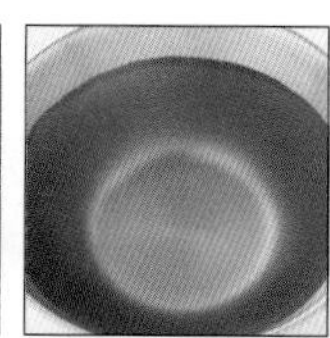

【应用例】

用味噌汤比例： 猪肉酱汤丨滑子菇味噌汤丨茗荷味噌汤丨蚬贝味噌汤

裙带菜油炸豆腐味噌汤丨新土豆新洋葱味噌汤

用白味噌汤比例： 油菜花白味噌汤丨粟麸白味噌汤丨关西风味白味噌杂煮

南瓜味噌汤

南瓜预先用微波炉加热可缩短烹制时间。
只要方便，什么工具都可大胆使用。

材料（2人份）

味噌汤（1:15）
- 味噌…20ml（1⅓大匙）
- 汤汁…300ml（1½杯）

南瓜…60g
油炸豆腐…半块
细葱（切小片）…适量
热量：80千卡
烹饪时间：15分钟

1. 南瓜切成3cm长、5mm厚。放入耐热容器，加少量水覆上保鲜膜，置于微波炉（600W）内加热2~3分钟（参考图片）。油炸豆腐对半切开，细切成7mm厚。
2. 南瓜、油炸豆腐、汤汁入锅坐旺火，沸腾后熄火溶入味噌。
3. 盛入温温的餐器中，点缀上细葱。

难熟透的蔬菜通过切薄、用微波炉预先加热等手段可大大缩短烹制时间。

新土豆白味噌汤

用芥末酱提味，非常好吃！
请一定感受一下白味噌汤的美味。

材料（2人份）

白味噌汤（1:5）
- 白味噌…60ml（4大匙）
- 汤汁…300ml（1½杯）

新土豆…2个
水芹（切小片）…¼把
芥末酱…适量
◎盐

热量：110千卡
烹饪时间：15分钟

1. 新土豆削皮，放入耐热容器，覆上保鲜膜，置于微波炉（600W）内加热5~6分钟，撒上少量盐。
2. 用锅加热汤汁溶入白味噌，煮沸一次。
3. 将新土豆与水芹盛入餐器，注入白味噌汤。点缀上芥末酱。

芋头味噌汤

最麻烦的芋头皮，用微波炉适当加热即可轻松剥下。
这样就能轻松烹制了。

材料（2 人份）

味噌汤（1:15）
- 味噌…20ml（1 ⅓ 大匙）
- 汤汁…300ml（1 ½ 杯）

芋头（小）…8 个（120g）
细葱（切小片）…适量

热量：60 千卡　　烹饪时间：15 分钟

1. 芋头放入耐热容器，轻轻覆上保鲜膜，置于微波炉（600W）内加热 6~7 分钟。趁热剥皮，对半切开。
2. 芋头、汤汁入锅坐旺火，沸腾后熄火溶入味噌。
3. 将以上食材盛入餐器，点缀上细葱。

茄子秋葵咸酱汤

星形秋葵看着就有趣。
黏黏糊糊滑滑溜溜有滋有味。

材料（2 人份）

味噌汤（1:15）
- 八丁味噌…20ml（1 ⅓大匙）
- 汤汁…300ml（1 ½杯）

茄子…2 个
秋葵…10 根
花椒粉…少量

热量：60 千卡　　烹饪时间：20 分钟（不含茄子降温时间）

1. 在茄萼上割入一周切口去除外萼，在另一端插入筷子等扎孔。将网架置于煤气炉上，用明火直接将茄子烤到整体发黑。降温后去掉茄皮与茄蒂，纵向对半切开后再横向对半切开，盛入餐器。
2. 秋葵去蒂，用竹签除种，切成小片。
3. 汤汁入锅坐旺火，沸腾后熄火溶入味噌。加入秋葵坐微火，变色后放入步骤 1 的餐器中。撒上花椒粉。

清汤

1:3:160

盐 : 薄口酱油 : 汤汁

还有一种食谱里不可或缺的汤菜比例，

即清汤比例，为“1:3:160”。

160，又不好记吗？这也是以 4 人份为基本，

记住“1 小匙盐、1 大匙酱油、4 杯汤汁（800ml）”就好。

如果是 2 人份，量就要减半。

这样就不必再为盐跟酱油的比例均衡犯愁啦！

●

因为汤汁是主角，要加的调料微乎其微。

蔬菜的美味也完全能引发出来。

希望大家使用纯正的汤汁，

可参考下文提取汤汁。

●

加入淀粉调得黏黏稠稠地做锅汤，

秋冬季将身体从里暖到外，

因为黏稠的汤菜保温效果最佳。

这时候，要调成微火后再加淀粉。

加淀粉后要煮沸一次，别忘了去掉淀粉味。

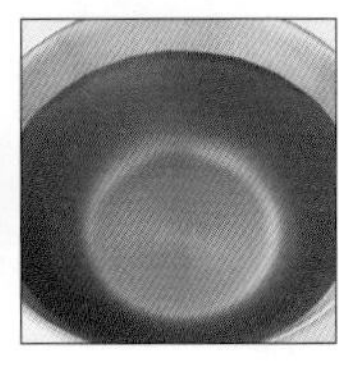

[汤汁的提取方法]

1. 将 6 杯水入锅，2 片海带（15cm × 10cm）用湿布巾拭净入锅坐微火。

2. 海带周边冒出的小泡越来越多越来越猛时，捞出海带熄火。

3. 加入两把鲣节后马上用铺了布巾（或纸巾）的过滤器过滤。将过滤器放在碗上不动，让水分自然滴落。

[应用例]

鸡蛋汤 | 豆腐清汤 | 鸭儿芹清汤 | 日式杂烩汤 | 泽煮碗① | 关东风味杂煮

---

①泽煮碗：调配肉、鱼贝、蔬菜等多种食材做成的多汤、口味清淡的煮炖菜品。

蘑菇汤

可细细品味蘑菇之香的清汤，
用哪种蘑菇都能做。

材料（2人份）

清汤（1:3:160）
- 盐…2.5ml（半小匙）
- 薄口酱油…7.5ml（半大匙）
- 汤汁…400ml（2杯）

丛生口蘑・灰树菇・滑子菇…各半袋
水溶淀粉…2大匙
鸭儿芹（切碎末）…⅓把
姜（擦泥）…1块量

热量：35千卡
烹饪时间：10分钟

1. 丛生口蘑去根切分成小块，较长的对半切开。灰树菇切分成方便食用的大小。滑子菇快速清洗。
2. 将清汤材料入锅坐旺火，沸腾后加入丛生口蘑、灰树菇、滑子菇。
3. 再次沸腾后加入水溶淀粉混拌，调至黏稠。盛入餐器，点缀上鸭儿芹、姜泥。

芜菁汤

芜菁擦成泥，柔柔的甘甜绵延无限。
辣根与芜菁最对味，一定要加上。

材料（2人份）

清汤（1:3:160）

- 盐…2.5ml（半小匙）
- 薄口酱油…7.5ml（半大匙）
- 汤汁…400ml（2杯）

芜菁…1个

生腐竹…40g

水溶淀粉…2大匙

辣根酱…1小匙

热量：80千卡

烹饪时间：10分钟

1. 芜菁擦泥控水。腐竹切成方便食用的大小。
2. 将清汤材料与腐竹入锅坐旺火，沸腾后加入芜菁泥。
3. 再次沸腾后加入水溶淀粉混拌，调至黏稠。盛入餐器，点缀上辣根。

鱼肉松汤

风味浓郁、口感绵软的鱼肉松豆腐最适合本菜品。
冬季里用淀粉调黏糊，喝一口暖透肺腑。

材料（2人份）

清汤（1:3:160）
- 盐…2.5ml（半小匙）
- 薄口酱油…7.5ml（半大匙）
- 汤汁…400ml（2杯）

鱼肉松豆腐…200g
水溶淀粉…2大匙
姜（擦泥）…半小匙

热量：80千卡
烹饪时间：10分钟

1. 将清汤材料入锅坐旺火，沸腾后将鱼肉松豆腐捏碎加入。
2. 再次沸腾后加入水溶淀粉混拌，调至黏稠。盛入餐器，点缀上姜泥。

Column 4
肉类菜品

肉类菜品比例 1:1:2

下面说说肉类菜品。为使菜品口味适合米饭，在基本比例里加酒，即“酱油 : 味淋 : 酒 =1:1:2”。这样就调出了酒量偏多的汤料，即使较厚的肉块也能炖熟炖透。酒不单可去除肉的异味，也能增添好味道与糖汁。照烧类甘辛口味菜品按这个比例大都行得通。

鸡肉丸照烧（2 人份）

混合汤料（1:1:2）

- 酱油…20ml（1⅓ 大匙）
- 味淋…20ml（1⅓ 大匙）
- 酒…40ml（2⅔ 大匙）

1. 将 200g 鸡肉馅儿与 70g 洋葱切碎末入锅，加入 1 个蛋黄、1 小匙淀粉充分混拌，2 等分做成椭圆形。
2. 将 1 大匙色拉油入平底炒锅加热，加入步骤 1 的食材。盖上锅盖用微火煎，一面煎成焦黄色后上下翻转再煎。
3. 其余各面也煎好后，加入 4 根割入切口的绿辣椒，将混合汤料入锅，煮到出糖汁为止。

牛肉八幡卷（2 人份）

混合汤料（1:1:2）

- 酱油…40ml（2⅔ 大匙）
- 味淋…40ml（2⅔ 大匙）
- 酒…80ml（⅖ 杯）

1. 将 150g 牛蒡刮皮切成 12cm 长，较粗的纵向对半切开。将牛蒡与半杯酒入平底炒锅，翻炒至水分完全炒干。
2. 将 260g 牛腿肉（薄切片）4 等分，做成 12cm 宽的长方形，将两张肉片部分重合完整铺开，撒上小麦粉。将 ¼ 量的牛蒡置于肉片前侧，一圈圈卷起。其余 3 个也如法炮制，全都均匀撒上小麦粉。
3. 将 1 大匙色拉油入平底炒锅加热，将 2 个肉卷入锅，卷边终了处向下。翻转着煎至整体均匀上色。加入 4 根割入切口的绿辣椒及混合汤料，煮至水分全干、汤料裹到肉卷上。

第五章 火锅的比例

不想将食谱搞得太复杂的时候，
有个火锅，也能马上摆一桌。
因为无需『火锅底料』，建议少用食材，一切从简。

火锅底汤

1:1:15

酱油：味淋：汤汁

火锅很方便。
不想把饭菜搞得太复杂的话，只要有火锅，怎么都能对付过去，
而且还能多吃蔬菜。
火锅底汤的比例是“1:1:15”。
有人会想，咦，似曾相识的比例？对！
它与“能品味汤汁的煮汁”的比例相同。
人们往往会认为火锅有别于一般食谱，
其实仔细想想，它不就是“跟汤汁一起享用的煮物”？

●

可能有人会说，就算是火锅，也得这样那样准备食材，
但我最近发现，只要食材味道好，火锅做简单些反而更好吃。
食材有 3 种左右就好，2 种也足够。
这样更能充分品尝食材原味，
而且还能凸显其独有的搭配之妙。

●

“酱油：味淋：汤汁 =1:1:15”是最基本的比例，
请将它视为能烹制什锦火锅的比例。
在这个基础上加入大量萝卜泥就成了雪见锅，
“15”的汤汁的一半换成豆浆，则变为豆浆锅。
可根据锅的大小调节火锅底汤用量，
减量时仍按相同比例加入即可。
无需购买市面上销售的火锅底料也一样能吃上美味火锅！

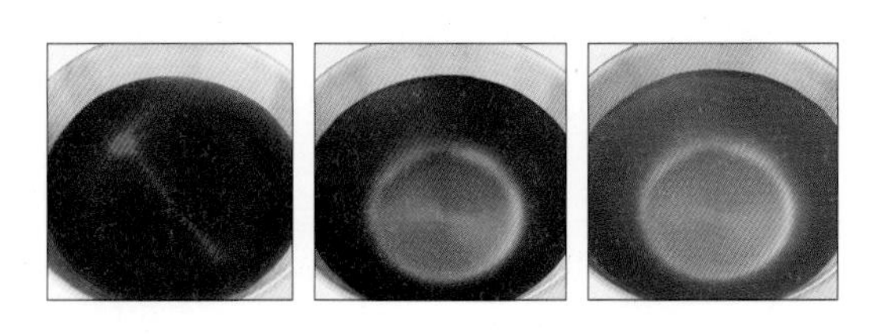

寿喜烧（日式牛肉火锅）
1:1:2（酱油 ： 味淋 ： 酒）

作为另一种火锅比例，特介绍一下“寿喜烧”。

“酱油：味淋：酒=1:1:2”。

这也是曾在 p.72 介绍过的肉类菜品的比例。

不过大家知道日本东西两个地域的寿喜烧有所不同吗？

关东风味是先做所谓佐料汁的调味液后再加入食材。

关西风味是在肉熟后添加食材，将酱油、砂糖、酒等调料一点点地调节着加进去。

这回的比例是关东风味。

因为先混合调味液能使味道适当固定下来，

也可以做锄煮①等菜品。

调料汁也有比例

还有需要蘸调料汁吃的火锅，比如涮锅、氽锅等。

这时候用的调料汁也请按比例调配！

加入七味辣椒粉、香橙胡椒等特色鲜明的辣味、香味调料一样好吃！

⊙橙汁酱油

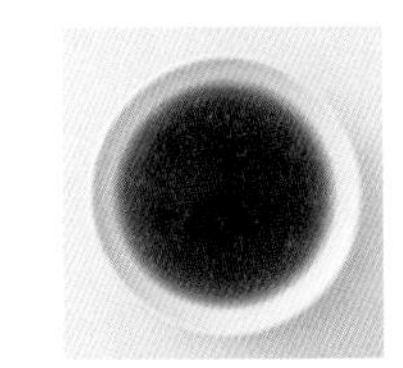

已经介绍过将酱油：味淋：柑橘类榨汁按

“1:1:1”混合而成的橙汁酱油。

出产黄色香橙的季节也是火锅飘香的时节。

请深深体味这季节之香，千万不要吝惜。

⊙梅子橙汁酱油

在橙汁酱油里加入拍碎的梅肉，调料汁会更加清淡爽口。

在用酱油、味淋、柑橘类榨汁各 1 大匙调出的橙汁酱油里，

只需加上约 1 小匙的梅肉，配上味道稍稍浓郁的食材，吃起来美味无穷。

⊙芝麻调料汁

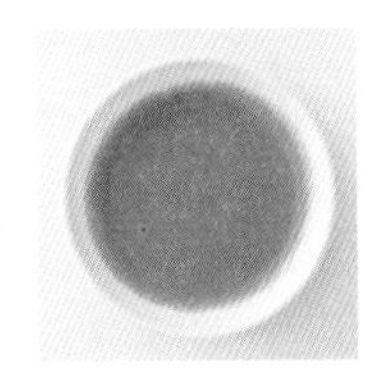

在“酱油：味淋=1:1”这个比例上将白芝麻糊当作“2”加入，

就变身为也极受孩子们喜爱的芝麻调料汁。

浓香的口味跟涮锅相得益彰。

---

①锄煮：用寿喜烧那种甘辛口味的煮汁烹煮的料理。

白菜鲅鱼火锅

冬季，好吃起来的白菜和没有涩味的鲅鱼最相配。
加进豆腐也无妨。

材料（2~3 人份）

火锅底汤（1:1:15）
- 薄口酱油…100ml（半杯）
- 味淋…100ml（半杯）
- 汤汁…1500ml（7½ 杯）

白菜…⅓ 棵（450g）
鲅鱼（鱼肉块）…350g
◎盐

热量：330 千卡
烹饪时间：15 分钟

1. 鲅鱼肉块太大的话可切成方便食用的大小。撒上约为鱼肉重量1%的盐（约 ⅔ 小匙），静置片刻。
2. 白菜切大块。
3. 将火锅底汤材料与白菜入锅坐旺火。白菜变软后加入鲅鱼，熟透后即可食用。可按喜好加上柑橘类榨汁。

下面的搭配同样美味

⊙ 2~3 种蘑菇 + 鸡肉丸
⊙足量葱薄切片 + 鳕鱼
⊙萝卜片 + 猪肉薄切片
⊙白菜 + 萝卜泥 + 牡蛎

1:1:15

豆腐鳕鱼豆浆锅

“15”的汤汁的半量换成豆浆，人气极佳的豆浆锅便大功告成。
食材也刻意全选白色，全白火锅由此而生。

材料（2~3人份）

火锅底汤（1:1:15）
- 薄口酱油…100ml（半杯）
- 味淋…100ml（半杯）
- 汤汁・豆浆…各750ml（各3¾杯）

绢豆腐…1块
葱…3根
鳕鱼（鱼肉块）…320g
鳕鱼的鱼白…200g
香橙皮（切丁）…适量
◎盐

热量：420千卡
烹饪时间：15分钟

1. 鳕鱼肉块太大的话可切成方便食用的大小。撒上约为鱼肉重量1%的盐（约半小匙），静置片刻。
2. 鱼白用与海水浓度相近的盐水洗净，去除黏液。将盐水换成水，换2~3次水冲洗鱼白，彻底洗净黏液，切成方便食用的大小。
3. 豆腐切成方便食用的大小。葱斜切。
4. 将火锅底汤材料与鱼白、豆腐、葱入锅坐旺火。开始沸腾后加入鳕鱼，熟透后撒上香橙皮。

下面的搭配同样美味

⊙卷心菜＋牛肉（涮锅用）
⊙豆腐＋足量的姜
⊙土豆＋鲑鱼
⊙菠菜＋芜菁＋鸡肉

1:1:15

葱牛肉寿喜烧火锅

请将本菜品看作寿喜烧的简易版。
吸足了牛肉好味道的葱香得非同寻常。

材料（2~3 人份）

佐料汁（1:1:2）
- 酱油…80ml（⅔ 杯）
- 味淋…80ml（⅔ 杯）
- 酒…160ml（⅘ 杯）

葱…5 根
牛腿肉（薄切片）…400g
花椒粉…适量
搅开的蛋液…适量
热量：490 千卡
烹饪时间：15 分钟

1. 葱切成 3.5cm 长，铺在锅底，加入一半佐料汁坐旺火。
2. 沸腾后，留意着沸腾情况适当加入剩余的佐料汁。
3. 葱变软后加入牛肉，快速加热。可按喜好撒上花椒粉，蘸蛋液食用。

下面的搭配同样美味

⊙煎豆腐 + 鸡肉
⊙牛蒡 + 猪腹肉
⊙洋葱 + 鲕鱼

1:1:2

Column 5
蛋类菜品

蛋类菜品 1:1:5

蛋类菜品的比例是“酱油 : 味淋 : 汤汁 =1:1:5”。这是 2 个鸡蛋正好配 1 小匙酱油、1 小匙味淋、5 小匙汤汁的最佳比例，这样记住就好。按此比例煎鸡蛋或鸡蛋鱼肉松都能轻松搞定。

什锦蛋（适量）

混合汤料（1:1:5）
- 薄口酱油…15ml（1 大匙）
- 味淋…15ml（1 大匙）
- 汤汁…75ml（5 大匙）

1. 将 1 把鸭儿芹茎快速白焯切大块。将蟹肉鱼糕（60g）擢碎。
2. 将 6 个鸡蛋打进耐热碗搅开，加入汤料混合。覆上保鲜膜置于微波炉（600W）内加热 2 分钟，用几根菜箸①充分搅拌，重复 3 次。
3. 加入步骤 1 的食材混拌，放进约 9cm×14cm 的流函②（或保存容器）内。趁热用木铲等用力压平，降温后放入冰箱冷却定型。

Column 6
“比例”应用，不限和食!

跳出和食的框框

在 p.78 的“豆腐鳕鱼豆浆锅”中介绍了在汤汁里加豆浆的“1:1:15”。这样的变化，跳出了日式料理的条条框框，非常有趣。

按“1:1:8”的煮汁比例加入白葡萄酒代替汤汁烹煮鸡肉，最后滴入黄油，便做成一道别具风味的美食。水换成番茄汁或橘子汁也完全可行。乌龙茶代替汤汁配出煮汁，绍兴酒代替日本酒配出汤料，经过这番替代，便成了中华料理。

混合醋也一样。只要将醋换成苹果醋或黑醋，风味就大不一样，用葡萄酒、西洋醋等也能一下子变身为西洋风味。

正因为有基本，才会生出这些变化。相信将“比例”这一料理基本掌握在手的诸位读者也一定能发现多种多样的美食烹饪法。

---

①菜箸：分菜或做菜用的筷子，多为竹制，比普通筷子稍长。

②流函：将凉粉等流体食材注入后用于定型的箱形器具。

图书在版编目（C I P）数据

蔬菜和食 /（日）村田吉弘著；纪鑫译 . -- 青岛：
青岛出版社，2017.7
ISBN 978-7-5552-5300-6

Ⅰ . ①蔬… Ⅱ . ①村… ②纪… Ⅲ . ①蔬菜－菜谱
Ⅳ . ① TS972.123

中国版本图书馆 CIP 数据核字 (2017) 第 123482 号

书　　名　蔬菜和食
著　　者　（日）村田吉弘
译　　者　纪　鑫
出版发行　青岛出版社
社　　址　青岛市海尔路 182 号（266061）
本社网址　http://www.qdpub.com
邮购电话　13335059110　0532–85814750（传真）0532– 68068026
责任编辑　杨成舜
特约编辑　刘　冰
封面设计　祝玉华
内文设计　刘　欣　时　潇　张采薇　林文静
印　　刷　青岛名扬数码印刷有限责任公司
出版日期　2017 年 7 月第 1 版　2017 年 7 月第 1 次印刷
开　　本　16 开（787mm × 1092mm）
印　　张　6
字　　数　30 千
印　　数　1 – 5000
书　　号　ISBN 978–7–5552–5300–6
定　　价　39.00 元

编校印装质量、盗版监督服务电话　4006532017　0532–68068638
建议陈列类别：美食